MATEMÁTICAS DIVERTIDAS

MEDIDAS

Un libro de Las Raíces de Crabtree

CRABTREE
Publishing Company
www.crabtreebooks.com

DOUGLAS BENDER
Traducción de
Pablo de la Vega

Apoyos de la escuela a los hogares para cuidadores y maestros

Este libro ayuda a los niños en su desarrollo al permitirles practicar la lectura. Abajo están algunas preguntas guía para ayudar al lector a fortalecer sus habilidades de comprensión. En rojo hay algunas opciones de respuesta.

Antes de leer:

- ¿De qué pienso que tratará este libro?
    - *Pienso que este libro es sobre medir y los números.*
    - *Pienso que este libro nos enseña diferentes formas de medir cosas.*
- ¿Qué quiero aprender sobre este tema?
    - *Quiero aprender qué herramientas usar para medir las cosas.*
    - *Quiero aprender acerca de distintos tipos de mediciones.*

Durante la lectura:

- Me pregunto por qué...
    - *Me pregunto por qué la gente usa números para medir.*
    - *Me pregunto por qué la gente mide el peso de las cosas.*
- ¿Qué he aprendido hasta ahora?
    - *Aprendí que una regla mide lo largo que es algo.*
    - *Aprendí que la gente toma medidas todo el tiempo.*

Después de leer:

- ¿Qué detalles aprendí de este tema?
    - *Aprendí que hay diferentes herramientas para medir.*
    - *Aprendí que al medir algo sabemos lo largo o pesado que es.*
- Lee el libro una vez más y busca las palabras del vocabulario.
    - *Veo la palabra* ***regla*** *en la página 7 y la palabra* ***báscula*** *en la página 10. Las demás palabras del vocabulario están en la página 14.*

Usamos números para **medir**.

¡Estos **libros** son grandes!

Una **regla** nos puede ayudar a saber cuánto miden de largo.

¡También podemos saber qué tan **pesados** son!

Podemos usar una **báscula**.

000
060

¡La gente toma **medidas** todo el tiempo!

Lista de palabras

Palabras de uso común

a
ayudar
cuánto
de
el
estos
grandes
la
largo
nos
para
podemos
qué
son
tan
tiempo
todo
una
usamos
usar

Palabras para conocer

báscula

libros

medidas

medir

pesados

regla

37 palabras

Usamos números para **medir**.

¡Estos **libros** son grandes!

Una **regla** nos puede ayudar a saber cuánto miden de largo.

¡También podemos saber qué tan **pesados** son!

Podemos usar una **báscula**.

¡La gente toma **medidas** todo el tiempo!

CRABTREE
Publishing Company

Written by: Douglas Bender
Designed by: Rhea Wallace
Series Development: James Earley
Proofreader: Janine Deschenes
Educational Consultant:
Marie Lemke M.Ed.
Translation to Spanish:
Pablo de la Vega
Spanish-language layout and
proofread: Base Tres
Print and production coordinator:
Katherine Berti

MATEMÁTICAS DIVERTIDAS

MEDIDAS

Photographs:
Shutterstock: Karen roach: cover; Chulleporn: cover; Bragin Alexey: cover; Swettie Rice: p. 3, 14; Kokhanchikov: p. 5, 6, 9, 14; New Africa: 11, 14; Dragon Images: p. 13, 14

Library and Archives Canada Cataloguing in Publication
Title: Medidas / Douglas Bender ; traducción de Pablo de la Vega.
Other titles: Measuring. Spanish
Names: Bender, Douglas, 1992- author. | Vega, Pablo de la, translator.
Description: Series statement: Matemáticas divertidas | Translation of: Measuring. | "Un libro de las raíces de Crabtree". | Text in Spanish.
Identifiers: Canadiana (print) 20210240016 |
Canadiana (ebook) 20210240024 |
ISBN 9781039614673 (hardcover) |
ISBN 9781039614734 (softcover) |
ISBN 9781039614796 (HTML) |
ISBN 9781039614857 (EPUB) |
ISBN 9781039614918 (read-along ebook)
Subjects: LCSH: Measurement—Juvenile literature.
Classification: LCC QA465 .B4618 2022 | DDC j530.8—dc23

Library of Congress Cataloging-in-Publication Data
Names: Bender, Douglas, 1992- author.
Title: Medidas / Douglas Bender ; traducción de Pablo de la Vega.
Other titles: Measuring. Spanish
Description: New York : Crabtree Publishing, 2022. | Series: Matemáticas divertidas - un libro de las raíces de Crabtree
Identifiers: LCCN 2021027059 (print) |
LCCN 2021027060 (ebook) |
ISBN 9781039614673 (hardcover) |
ISBN 9781039614734 (paperback) |
ISBN 9781039614796 (ebook) |
ISBN 9781039614857 (epub) |
ISBN 9781039614918
Subjects: LCSH: Measurement--Juvenile literature.
Classification: LCC QA465 .B4618 2022 (print) | LCC QA465 (ebook) |
DDC 530.8--dc23
LC record available at https://lccn.loc.gov/2021027059
LC ebook record available at https://lccn.loc.gov/2021027060

Crabtree Publishing Company
www.crabtreebooks.com 1-800-387-7650

Printed in the U.S.A./092021/CG20210616

Published in the United States
Crabtree Publishing
347 Fifth Avenue, Suite 1402-145
New York, NY, 10016

Published in Canada
Crabtree Publishing
616 Welland Ave.
St. Catharines, Ontario L2M 5V6